U0395955

"老小孩"的智能生活

网上社交

吴含章 编著

上海科学普及出版社

图书在版编目(CIP)数据

网上社交/吴含章编著.—上海:上海科学普及出版
社,2018.8
("老小孩"的智能生活)
ISBN 978-7-5427-7252-7

Ⅰ.①网… Ⅱ.①吴… Ⅲ.①移动电话机—应用
程序—中老年读物 Ⅳ.①TN929.53-49

中国版本图书馆 CIP 数据核字(2018)第 149357 号

责任编辑 刘湘雯
美术编辑 赵 斌
技术编辑 葛乃文

"老小孩"的智能生活
网上社交
吴含章 编著
上海科学普及出版社出版发行
(上海中山北路 832 号 邮政编码 200070)
http://www.pspsh.com

各地新华书店经销 上海丽佳制版印刷有限公司印刷
开本 889×1194 1/16 印张 3.75 字数 120 000
2018 年 8 月第 1 版 2018 年 8 月第 1 次印刷

ISBN 978-7-5427-7252-7 定价:36.00 元

《“老小孩”的智能生活》
丛书编委会

主　编　吴含章

编　委　高声伊　茅建平　栾学岭

　　　　陈伟如　郑佳佳

编者的话

　　互联网的迅速发展正日新月异地改变着我们的生活，从老年人到儿童，互联网深深地渗入了每个人的生活中。为了让老年人改变以往传统的生活习惯，尽快融入网络生活，我们以"记录生活、便捷生活、快乐生活"为主线，引导老年朋友一起享受信息时代新科技带来的红利。通过学习和实践，老年朋友也可以和年轻人一样，应用智能手机方便自己的生活。

　　在开始进入网络生活前，老年人要克服畏难情绪，只要有一部智能手机，只要有无线互联网，那么一切都变得非常简单。当然，你还要有一群志同道合的"网友"，互帮互学，不但学会用手机解决日常生活所需，还能够根据兴趣爱好或者共同的经历组成小组，一起学、一起玩，享受网络生活带来的便利和乐趣。

目　录

《"老小孩"的智能生活》丛书，正文内使用的照片由上海科技助老服务中心提供，由《"老小孩"的智能生活》丛书作者授权出版社使用。

第一章　什么是网络社交

一、网络社交扑面而来

什么是网络社交？

网络社交是指人与人之间关系的网络化，在网上表现为以各种社交软件构建的社交网络服务平台（SNS：Social Networking Site）。互联网导致一种全新的人类社会组织和生存模式悄然走进我们，构建了一个跨越时间及空间限制的网络群体，网络全球化时代的个人正在聚合为新的社会群体。

（一）网络社交的兴起

在新时代中，信息网络将会是未来社会的神经系统，而其对整个社会与个人生活的冲击，将远强于传统沟通设备所带来的影响。不管人们认为互联网联结起来的是什么具体事物——设备、资源，还是说互联网作为一种媒体，我们都不能忽视主体——人的存在。可以说，互联网联结起来的是智能设备，其中流动的是信息，开发出来的是资源，但吸引的是智能设备前面的人。在本质上它是一种"人"的网络。如果说互联网是一种媒体，那么，它的"人文"层面更是不可忽视。

随着微博、微信、QQ等网络社交应用的兴起，网络社交蓬勃发展，新的互联网热再次升温，有分析人士甚至说，网络社交将缔造人际交往的新模式。具体地说，未来每一个人，除了在现实生活中的个体，在网络上都有一个个体的代表，在网络上能够体现个体的个性、思想和各种信息，同时也可以随时与他人沟通交流，每一个人都成为互联网的一个"节点"。

（二）网络社交的特点

"网络社交"具有以下的特点：

（1）网络社交具有虚拟特性

网络社交是以虚拟技术为基础的，人与人之间的交往是以间接交往为主，以符号化为其表现形式，现实社会中的诸多特征，如姓名、性别、年龄、工作单位和社会关系等都被"淡"去了，人的行为也因此具有了"虚拟"的特征。

（2）网络社交具有多元特性

网络信息的全球交流与共享，使时间和空间失去了意义。人们可以不再受物理时空的限制自由交往，使得不同的思想观念、价值取向、宗教信仰、风俗习惯和生活方式等的冲突与融合变得可能。

（3）网络社交具有自由特性

"网络社会"分散式的网络结构，使其没有中心、没有阶层、没有等级关系，与现实社会中人的交往相比，"网络社会"具有更为广阔的自由空间，传统的监督和控制方式已无法适应它的发展。

（三）网络社交的类型

根据社交目的或交流话题领域的不同，目前的社会化网络主要分为四种类型：

（1）交友型：国内知名的交友型社交应用有QQ、微信、微博等。

（2）消费型：国内知名的消费型社交应用有口碑、大众点评等。

（3）文化型：国内知名的文化型社交应用有豆瓣等。

（4）综合型：话题、活动都比较杂，广泛涉猎个人和社会的各个领域，公共性较强。国内知名的综合型社交应用有强国社区、天涯社区、百度贴吧等。

总而言之，所有社交应用都以休闲娱乐和言论交流为主要特征，最终产物都是帮助个人打造网络关系圈，这个关系圈越来越叠合于用户个人日常的人际关系圈。借助互联网这个社交大平台，用户体验到前所未有的"众"的氛围和集体的力量感。

　　网络不仅给人们提供了更多的信息，而且也提供了广泛的人际交流机会，提供了一种拓宽社会关系的新的交互性空间。人们会随着网络信息的流动将自己融入"无限"的网络群体中，社会接触范围成倍增大，有助于人们建立新型的社会关系，拓展自己的社会化属性。

二、网上有群老小孩

在网上有一个老年人的网络社区："老小孩"。老小孩们在网络中"筑巢、织网、互助"，享受着退休后的精彩生活。

筑巢，在互联网上建设自己的家园。老小孩们用文字、声音、视频、图片把自己的经历记录下来，把自己的经验分享出来，把情怀抒发开来，这不仅对于自己和子女亲朋是一笔无比丰厚的财富，对于社会也是正能量的传递。

织网，用"六合院"的模式找到志同道合的朋友，织起一张温暖的、有活力的、有梦想的网。老小孩网络社区为老人们提供了一个自由、宽松的交友工具——"六合院"，自由组成或加入六人小组在网上交流分享，一起学、一起玩、一起发挥作用。

互助，在老小孩网络社区里面有一群热心的志愿者，他们引领着老小孩们互帮互助，形成了暖暖的社区互助氛围，老小孩们相互支撑、相互欣赏、彼此引以为傲。

第二章 常见社交工具的使用

一、微信的使用

微信是腾讯公司于2011年1月21日推出的一款通过网络发送语音短信、视频、图片和文字,支持多人群聊的手机聊天软件。用户可以通过微信与好友进行形式上更加丰富的类似于短信、彩信等方式的联系。微信提供公众平台、朋友圈、消息推送等功能,用户可以通过"摇一摇"、"搜索号码"、"附近的人"、扫二维码方式添加好友和关注公众平台,同时微信可以将内容分享给好友以及将用户看到的精彩内容分享到微信朋友圈。

1. 下载与安装

请按照下面的步骤下载、安装微信。

点击打开"应用市场"。

选择"分类"选项中的
"必备"并打开。

找到"微信"安装并打开。

手机界面上会出现微信
的图标，点击打开微信。

2. 注册、登录微信

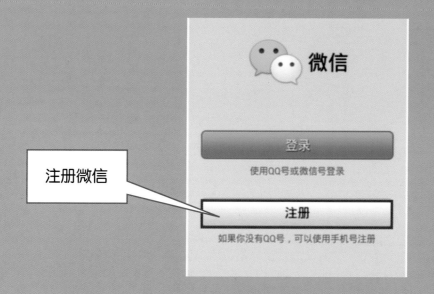

注册微信

第一步：点击"注册"按钮，进入注册页面。填写"昵称"、"手机号"、"密码"后，点击"注册"。

第二步：检查填写的手机号是否正确，确认后点击"确定"按钮。

第三步：填入系统发来的验证短信中的验证码，完成注册。

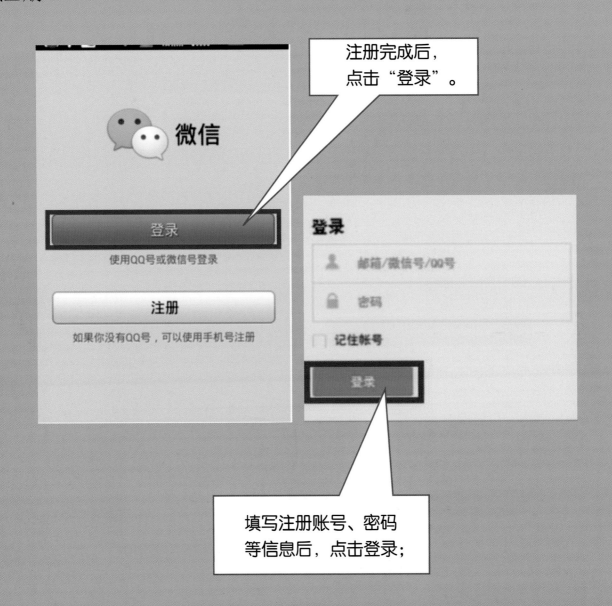

注册完成后，点击"登录"。

填写注册账号、密码等信息后，点击登录；

登录后，微信的最下方有四个图标："微信、通讯录、发现、我"。点击这四个图标会分别进入微信四个领域的功能，点击哪个图标这个图标就会变成绿色。

微信：与微信好友的聊天，参与微信群的讨论。

通讯录：微信好友的列表，查找微信好友、添加微信好友等。

发现：微信朋友圈、小程序、游戏、购物等功能。

我：钱包（支付）、设置、相册、收藏等功能。

3. 微信设置

在开始使用微信前，先设置一下自己的头像，写一句自己的格言，这样可以让大家更好地认识你。

在"我"栏目中，点击原先的头像图片，会出现修改"个人信息"页。

点击头像图片，可以在手机的图库里选择自己中意的照片作为自己的头像。

点击更多，会出现左图，要更改地区、个性签名，只需点击相应栏目，就可以更新设置了。

4. 添加朋友

在四个功能区的任意一个中，点击屏幕右上角的"+"选项。

点击"添加朋友"选项。

寻找朋友方法：输入对方手机号或者QQ号，可以寻找到对方是否有微信，如果对方有微信，就可以添加为好友。

添加朋友方法：
（1）用"扫一扫"二维码添加；
（2）用"手机联系人"添加。

友情提示：

1. 当用户新建微信后，会从通讯录中出现很多要添加你的朋友，请慎重选择。

2. 当用户选择朋友后，只有该朋友同意了，朋友之间关系才算建立。反之朋友选择用户，用户也要同意，才算建立联系。

3. 交友需谨慎！

5. 微信聊天

微信聊天界面，如下图：

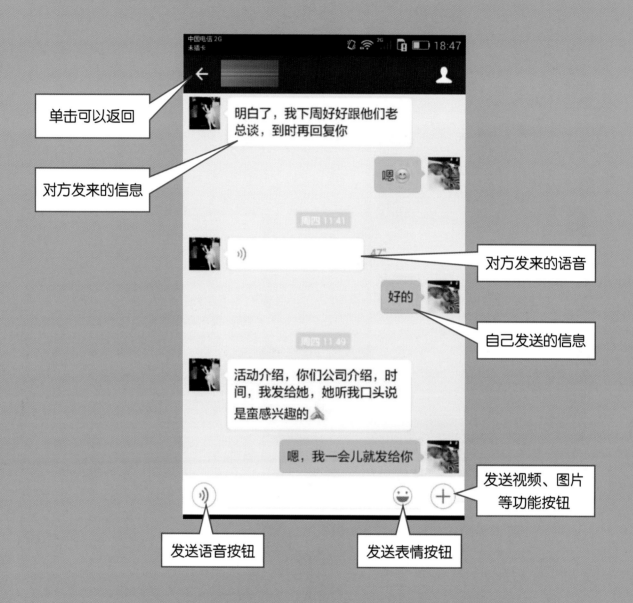

单击可以返回

对方发来的信息

对方发来的语音

自己发送的信息

发送视频、图片等功能按钮

发送语音按钮

发送表情按钮

我们先熟悉一下微信聊天的界面，以及怎样开始聊天。微信的主要功能是与你的亲朋好友聊天沟通，聊天方式包括文字、语音、视频等；也可以邀请或者参与到一群朋友中群聊。在"微信"或者"通讯录"功能卡中，要选择聊天对象，点击一个朋友或者一个聊天群，就会弹出聊天界面。记住：绿底的消息是自己发的，白底的消息是朋友发的。

微信聊天的几种方式：

（1）文字聊天

输入文字后，点击输入框右边的"发送"即可。点击输入框边上的"笑脸"，会弹出很多图标，可以选择代表此刻心情的图标一同发送给对方。

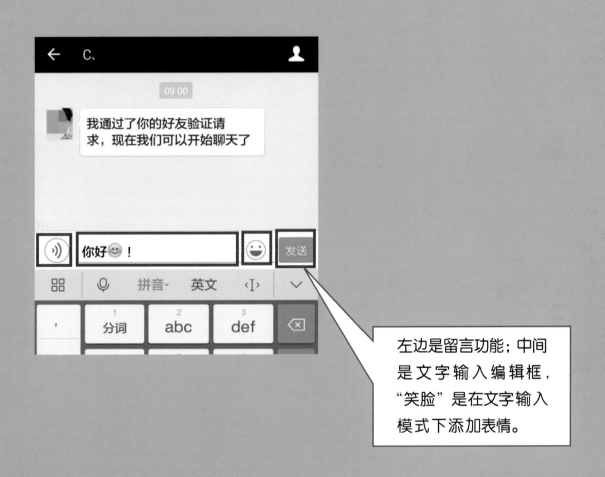

左边是留言功能；中间是文字输入编辑框，"笑脸"是在文字输入模式下添加表情。

（2）语音留言

点击输入框左边的 图标，进入语音聊天界面，按住"按住说话"键不放，开始向对方说出自己要说的话，说完后松开按钮，语音留言将会被发送给对方。如下图，留言最长为60秒。

（3）视频/语音聊天

点击输入框右边的"＋"，选择视频聊天。弹出"视频/语音"聊天对话框，选择聊天形式（如下图）。"视频聊天"将开启手机摄像头，在对方应答后，将摄像头对准自己，即可跟对方进行视频聊天。"语音聊天"，在对方应答后，直接进入语音聊天模式。

6. 建立朋友微信群

方法一：发起群聊

点击"发起群聊"

在群聊界面，选择邀请参加至群聊的好友。

在"发起群聊"里可以选择你想一起聊天的朋友，组织一个新群。

友情提示：

可在"发起群聊"的下面朋友里选择，组织一个新群。如选择一个群申请加入，必须得到被申请群的群主同意，才能加入。

方法二：好友在一起时可以面对面建群

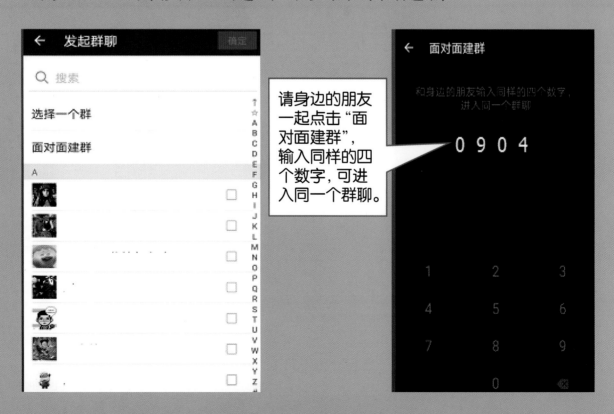

请身边的朋友一起点击"面对面建群"，输入同样的四个数字，可进入同一个群聊。

友情提示：

在聊天时特别是群聊时，如果不想被提示音打扰，可以关闭提示音。点击聊天窗口的右上角的图标。

在聊天设置窗口找到"消息免打扰"，并移动按钮将其打开呈绿色。

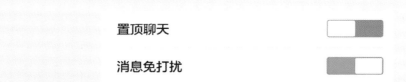

另外，如果有新的聊天信息或朋友圈分享信息，都将出现小红点。因此，看到小红点就知道有新消息了。

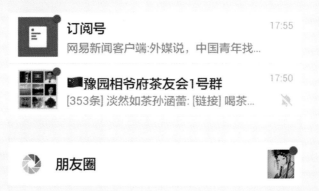

7. 分享照片与小视频

在跟朋友聊天或者在群聊中，可以分享手机相册中的照片，也可以直接拍摄照片或者10秒的小视频分享给对方。

（1）发照片

旅游或外出活动中，想把照片发给朋友分享，步骤如下：

点击"相册"。

点击聊天输入框右边的⊕。

选中要发送的图片（每次最多选择9张），点击"发送"即可。如要发送的照片保持原图不被压缩，请点击下面的"原图"后再发送照片。

（2）拍摄照片或小视频

点击聊天输入框右边的⊕。

点击"拍摄"。

在手机拍摄状态下，轻触圆形按钮是拍照，长按圆形按钮可以拍摄10秒的小视频。拍摄完毕后，点击钩号，照片或视频就发送给对方了。

轻触拍照，长按摄像

8. 收藏照片或文件：

在微信里看到漂亮的照片或好的文章，想收藏，步骤如下：

轻按要收藏的照片。

发送给朋友
收藏
编辑
删除
更多

在弹出的对话框里点击"收藏"。

可以在"我"中的"收藏"里看到收藏的照片。

轻按要收藏的文件。

弹出的对话框里点击"收藏"。

可以在"我"中的"收藏"里看到收藏的文件。

9. 分享朋友圈

　　朋友圈是一个公共信息发布分享平台，如感觉给一个一个朋友发信息太麻烦，可以通过朋友圈来发表。也可以把看过的有趣文章、图片或者音乐分享到朋友圈。在朋友圈发表的东西，你的朋友都能看到，也可以进行"评论"或"赞"，同样也可以看到所有朋友发表在朋友圈中的内容并进行"评论"。

　　进入微信"发现"页面，点击朋友圈。就会出现朋友圈页面。

刚进入朋友圈页面，其上半部是朋友圈的封面，轻按一下可以更换照片。下半部则是朋友们发的各种照片、文章等信息。

轻按一下封面照片可以去相册中选择中意的封面照片。

每条朋友圈内容后都有点赞和评论功能。

填写评论内容后点击发送即可完成评论。

图片右下方的对话框按键，可以赞照片，也可以进行评论。

按住页面往上移，可以看到更多朋友发表的东西。照片及文章按时间顺序反向排列，即最近发表的东西在最上面。

当然，自己也可以发送图片，只需点击右上角的照相机按钮就可以上传照片。照片可以选择手机相册里的，也可以用手机拍照后上传。也可以在照片旁添加备注，长按照相机按钮可发纯文字内容。

在朋友圈页面点击右上角的相机图标。

选择最多九张照片后，点击完成。

在输入框中写下自己的文字（也可以不写），点击右上角"发送"。图文并茂的一条朋友圈消息就发送好了。

　　如果看到一篇有用的文章，想分享给大家，可以点击这篇文章右上角的图标 ⋮ ，把这篇文章转发给朋友，也可转发至朋友圈，给更多的亲朋好友看到。如果喜欢这篇文章，还能收藏至自己的收藏夹。如下图：

10. 订阅微信公众号

微信公众号是政府、企事业单位、社会组织用于传播各种信息的，如：新闻、知识、商家信息等。老年人群可以订阅自己感兴趣的微信公众号，从而获得多方面的信息和知识。下面以微信公众号"老小孩社区"为例，带大家了解微信公众号。

关注微信公众号：在微信主页面选择下方的"通讯录"，进入"通讯录"页，点击"公众号"。

在公众号页面选择右上角的"+"，进入查找公众号页面，输入"老小孩社区"，点击查找，即可搜索出该微信公众号。

点击"关注"，即关注了该微信公众号。

友情提示：

可以直接在微信主页面的右上角，选择"+"后，选择"扫一扫"，扫一下微信公众号的二维码，直接关注该微信公众号。

老小孩公众号主要分享老年人的实用信息、老年人写的文章和老年人的活动信息，每天十点准时推送。

二、新浪微博的使用

　　微博可以理解为"微型博客"或"一句话博客"。可以将看到的、听到的、想到的事情写成一句话（不超过140个字），或者发图片，通过电脑或手机随时随地分享给朋友。你的朋友可以第一时间看到发表的信息，随时和你一起分享、讨论。还可以关注你朋友的微博，即时看到他们发布的信息。

1. 下载、安装

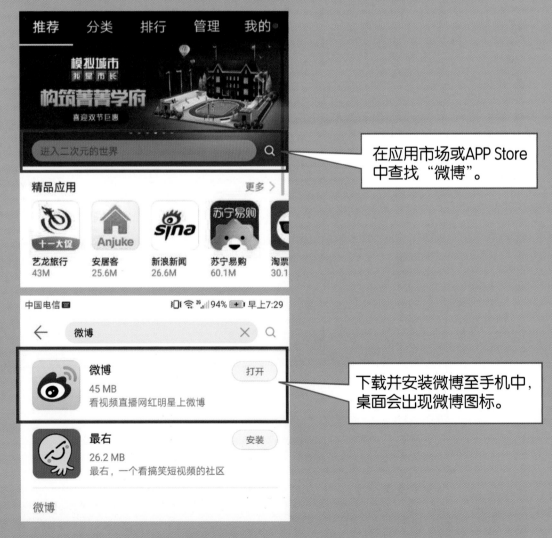

在应用市场或APP Store中查找"微博"。

下载并安装微博至手机中，桌面会出现微博图标。

用手机实名注册微博后，即可进入微博主页面，如下图：

主页面有两个选项：关注、热门。关注是指你关注的好友的动态。热门是指微博当前的热门话题。

中国电信 　　　　　　94% 早上7:30

关注▾ 热门

 行者刘伟海

43分钟前 来自 彭湃故乡人iPhone 6s Plus

第7个年头使用微博，角色有变，参与和服务不变

@肇庆市旅游局 :不断学习充电他山之石，可以攻玉！做好本职工作，充分利用政务微博更好优化民生服务！关于肇庆旅游（吃住行、游购娱）有任何的咨询、投诉、建议等，随时可以在微博@肇庆市旅游局，必有解答和反馈。@政务微博观察

这里显示的是每条动态的内容。

转发 　　评论 　　赞

 陆航程-

2小时前 来自 360安全浏览器

#国土证券# 如果不能了解上述现实生活对我们的

🏠 微博 　✉ 消息 　➕ 　🔍 发现 　👤 我

这里是微博五个功能区：
微博：显示最新的微博信息。
消息：订阅的信息和好友的留言。
＋：发布自己的新微博或话题等。
发现：微博中的各类应用。
我：自己的信息和各类设置

2. 发微博

点击"+"（写微博）按钮后，会出现可切换的两页发微博功能按钮，里面常用的有"文字"、"相册"、"直播"、"话题"等。下面以发"图片"和"话题"为例，带领大家一起发微博。

发图文：

选择"相册"，在手机图库中选择要发布的图片，填写想说的话后，点击"发送"。

在发微博的页面下方有一行功能键，从左至右分别是：插入图片、@（提醒）好友阅读、#发表话题、插入表情、+其他应用。

发话题：

选择"#"发表话题，在输入框输入想发表的话题主题，如果这个主题已经有人在讨论，那么你可以加入相关的话题讨论。如果你想发表的话题主题还没人讨论过，那么就可以发布一个新的讨论话题。如下图。

发微博中的@功能：@是提醒你的好友阅读这条微博。点击@按钮，在好友列表中选择你想提醒的人。

3. 评论与转发微博

如果用户觉得某条微博符合自己的兴趣，那么可以把这条微博转发到自己的微博中，也可以对其进行评论。

转发：点击转发，填写评论后，点击发送即可。

每条微博下都有转发、评论、赞三个功能。

友情提示：@、转发、评论三个功能可以组合使用。

三、"老小孩"的使用

"老小孩"这个为老服务品牌已经有17年了。17年前,"老小孩"率先提出了"扶老上网"和"科技助老",通过教老年人使用电脑和智能手机带领着老年人畅游网络世界。如今,在老小孩网络社区里活跃着一群老人们,他们不是你们想象的那样,他们写博客、玩数码、做公益,而且享受着网络社区中的互助生活,网络已经成为他们生活中的一部分。

1. 下载与安装

在应用市场或APP Store中找到"老小孩社区",点击下载后安装。

安装完成桌面出现的图标。

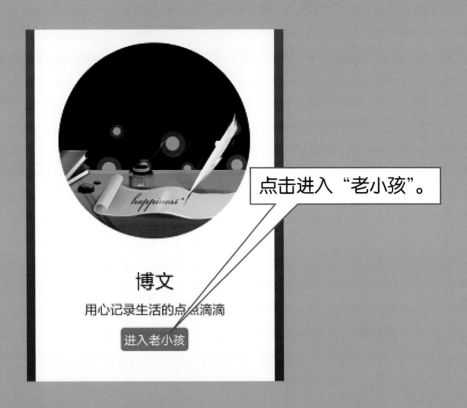

点击进入"老小孩"。

博文

用心记录生活的点点滴滴

进入老小孩

2. 注册与登录

没有注册老小孩的请点击"立即注册"。

登录 老小孩

用户名

密码 显示

登录

立即注册 忘记密码

通过其他方式登录

已经是老小孩注册会员则直接点击登录。

（1）注册

填写手机号后，点击"获取验证码"。

注册收到的验证码，点击"下一步"。

创建密码，填入由8位以上的字母和数字组成的密码。

单击"注册并立即登录"按钮，完成注册。

（2）登录

填写完密码后，点击"登录"即可登录"老小孩社区"。

3. 交友与加入六合院

登录"老小孩"后，点击右下角"我的"，打开"我的好友"。有三个选项"好友"、"好友请求"和"黑名单"。"好友"中是已经成为好友的朋友列表。"好友请求"中的"申请与通知"显示的是你向某人提出好友申请后是否被通过，或者是否有人向你申请成为你的好友。"黑名单"中可以设置你不信任的人，免受他们的打扰。

在"我的"选项中，找到"我的好友"，点击我的好友，进入交友和朋友列表中。

在**"好友"**选项中列出的都是已经成为好友的通讯录。

在**"好友请求"**中列出的是你申请成为别人的好友，别人是否通过你的申请，或者是别人申请成为你的好友的通知。

在**"黑名单"**中列出的是不受你欢迎的名单。

"添加好友"可以用老小孩的网名搜索，并申请成为对方的好友。

进入"老小孩社区"后，点击最下方的"六合院"。

进入"老小孩六合院"。

友情提示：

　　进入六合院后，可以去"新建院子"，或参加其他院子，不满六个人的院子都能申请加入。

如果你还没加入六合院，可以点击"新建院子"创建自己的六合院。也可以点击下面你感兴趣的六合院申请加入。

如果你已经加入六合院，那么你加入的六合院会显示在最上方，你可以进入院子跟大家聊天，领取院子的任务，与大家一起学、一起发挥作用。

4. 聊天与发微博

（1）聊天：在"我的"选项中选择"好友"，出现好友列表，选择想要聊天的好友，点击，然后点击发消息，就可以跟好友聊天了。老小孩的聊天类似于微信的，也可以语音留言、分享照片等。

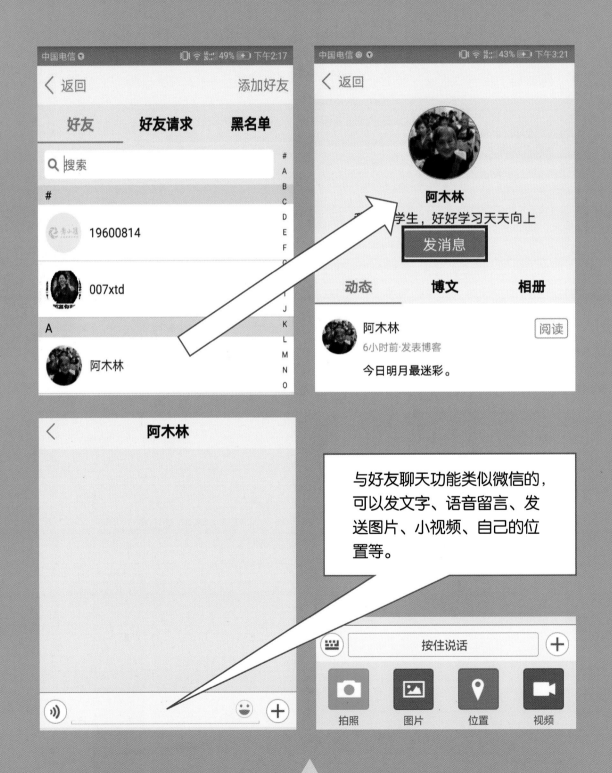

（2）发微博

在"我的"选项中选取"微博"。

在微博页面的右上角，点击"发微博"。

选取照片，写下文字，点击发送。

5. 服务功能

下面特别说一下大家关注的健康管理功能。如果用户的"六合院"参加了"社区健康互助计划",那用户就可以在"老小孩""服务"里的"老小孩健康"中,清楚地查询了解自己的一些常用

老小孩的"服务"选项中一共有四大服务:
老小孩旅游:旅游线路查找、报名及支付功能,旅游攻略的分享。
活动:各类活动信息,可以网上报名参加。
重阳歌会:喜欢唱歌的你可以在里面找到伴奏带、乐谱,也可以欣赏重阳歌会的合唱视频。
老小孩健康:监测自己的身体状态,接受健康任务,完成提交健康任务。

健康指标。当然,这些数据都是由用户平时坚持在老小孩设在社区中的健康监测仪器上测量,才能显示在"老小孩健康"里。

第三章　网上有群老小孩

　　为让老年朋友能够更好地使用网上社交应用，融入网络生活，下面来讲几个老小孩们网络社交的故事吧。

◈ 八十岁写博的指导员

　　王经文，网名"劳仁"（"老人"的谐音），90岁，1951年参军入伍，1954年加入中国共产党，1963年国防部命名的"南京路上好八连"的第一任连指导员。

　　谈起网络，"劳仁"有句名言："我在电脑前一坐，世界就在我的眼前。"九十高龄的老人写博客是件时尚事，用"劳仁"的话来说是他执著追梦的实际行动。十年来他坚持每天写博，如今已发表了5000余篇博文，是老小孩网络社区中的"高产作家"，100余万的点击量是老人家写博的动力。"写博"已经成了老人家生活的一部分。

　　"劳仁"还总是念念不忘网友们对他的鼓励和帮助。他说，刚写博时字体很小，又不懂得修饰，老小孩的志愿者不辞辛劳上门解忧，帮助设置了小工具栏，教会老人怎样把字放大、上传图片等操作技巧，使博文的排版更好看了，也利于广大老年朋友阅读；当他学习制作视频请教老小孩的志愿者时，热心的志愿者老师与"劳仁"通了电话，在电话两端一个讲解，一个操作，不厌其烦地教他每一个操作过程；一次家里电脑坏了，求助于志愿者，志愿者立即到家里看，后来是志愿者替他拿到外面去修，还垫付了修理费。"劳仁"深情地说，就是网络中这些可爱的网友相互帮助，让老小孩网络社区中充满了暖意。"劳仁"写的博文短小精悍，处处体现他弘扬正能量精神，每一个他遇到的好人，每一天遇到的好事，都是他写博的动力和对象。他说他还要坚持写下去，追随着中国梦……

"雪兔"，网站中的热心大姐

陈雪瑛（网名：雪兔），79岁，高级工程师，2006年注册老小孩，开始上网。"雪兔"是马鞍山钢铁厂的高级工程师。退休后回到上海，跟老爱人两人经常在家无所事事，一下子闲下来了，"退休综合征"让她觉得生活有些灰暗。她对自己说，难道真的老了吗？就这样打发日子了吗？"雪兔"想起临退休几年看见厂里的年轻同事用电脑制图，当时很羡慕这些年轻人。于是，她下定决心开始自学电脑。自从接触了互联网后，"雪兔"改变了她原本单调的生活，开始做起了热心人。她先是回到马鞍山帮助那里的老同事们学习上网，她的言传身教很快就凝聚起一群喜欢网络的老小孩们，还组成了"皖马苑"网络互助群组。"雪兔"在这个过程中感受到了"授人玫瑰手留余香"的快乐。她决定复制这样的做法，于是又在上海她住的周围热心帮助身边的老人学习网络，并组建了以学习网络技能为特色的"新天地电脑沙龙"，浓浓的学习氛围加上雪兔老师的尽心尽责，让新天地沙龙屡获老小孩网站的特色沙龙、优秀沙龙等称号。这几年，"雪兔"迷上了门球，她不光自己学，而且从网上找来各种门球教学的视频和资料，分享在老小孩网上。很快喜欢门球的老小孩们聚在了一起，还成立了老小孩门球队。经过几年的努力，现在老小孩门球队已经跻身上海的老年门球强队中。

"雪兔"乐于奉献、乐于助人的精神是老小孩的精神的生动写照，这种精神值得每个老小孩引以为豪。

六合院的开创者和受益者

张林洪，网名：璀璨，68岁。2013年注册上网。

"璀璨"退休前是一名居委会干部，对于老年人的组织很有经验。在一次老小孩的内部会议上，结合大家谈到的上了老小孩网后的收获，"璀璨"提出了建立6~10人互助小组的想法，马上得到了大家的积极响应，成了老小孩六合院模式的雏形。如今老小孩六合院已经成为了老小孩网络社区中互助的创新模式。以"住得近、谈得来"为纽带，老小孩们用"六合院"这个功能呼朋唤友，一起玩、一起乐，生活中的朋友多了，乐趣也多了。

"璀璨"的创新也让她成为了"六合院"模式的受益者。2015年的某天，"璀璨"突然半边身体不能动了，她意识自己小中风了。独居在家的她想起了自己网上"快乐六合院"的老伙伴们，就用坚强的意志拨通了其中一个老伙伴的电话。家就住在"璀璨"附近的老伙伴们闻讯都赶来了，打"120"的打"120"，忙着联系问询送哪个医院救治最好的在电话联系着⋯⋯不一会儿，救护车来了，根据老伙伴们的建议，"璀璨"被第一时间送到了医院救治。如今，早已出院的她已经恢复得跟正常人无异。"璀璨"逢人就说会上网可以救命，夸"快乐六合院"里的这些老伙伴们不是亲人胜似亲人。

六妹和公益游

苏贞娟，网名"六妹"，2001年注册老小孩网，是老小孩网络社区中名副其实的"资深网友"。

老小孩网络社区中除了写博发微以外，最有人气的就是"公益游"，"带着老小孩一起玩"是公益游的宗旨。"公益游"是东方都市广播"为您服务"栏目和老小孩网络社区共同为老年人打造的"放心、实惠、快乐"的旅游服务。跟旅行社不同，"公益游"中活跃着一群喜欢旅游又乐于奉献的老年志愿者。老年人是最懂老年人的，因此由这些"公益游线路规划师"去踩点制定的线路非常符合老年人的特点，"危险的景点不去、骗人的购物店不去、性价比不高的地方不去"这三不去原则让体验过"公益游"的老小孩们赞不绝口。"公益游"的"老年领队"也颇具特色，他们在途中组织的各种活动让大家有了更多的欢笑，他们在途中贴心的关心让大家有了组织的温暖。这群优秀志愿者的领头人就是"资深网友"六妹。谈到"公益游"，六妹也有她的甜酸苦辣。有次去仙华山农家乐，天公不作美，一路上风雨大作，有些老年人就开始抱怨天气，从抱怨开始到了责怪，说了些难听的话，让"六妹"心里不好受，感到很冤屈。"六妹"家里上有九十多岁的老母亲需要照顾，下有小孙女需要接送照应，家务事繁重，她放弃小我，舍身为大家，为的是公益活动让大家玩得高兴。结果付出很多，没有得到笑脸，却听到了埋怨责怪的话，心里很不是滋味。事后她冷静思考，如果我出来玩天气不好也会不开心的，设身处地地想一下，也就想通了。于是"六妹"便有了"成功是熬出来的"感悟，并把它放在老小孩网中自己的个人中心里作为鞭策自己的"座右铭"。

现在的"公益游"人气很旺，这让"六妹"很有成就感，每次听到大家夸"公益游"，"六妹"的心里像吃了蜜一般的甜。她说，这是她退休后最有成就感的"再就业"。在老小孩网络中实现了自己做志愿者的价值，对"六妹"来说这是最大的收获。

后 记

今年父亲节，一则短视频在朋友圈里疯传，视频里退了休的父亲到处去应聘，只为了一个简单的目的：跟着时代"进修"一下，再次做一个跟得上时代的老爸，成为女儿心中永远的"超人"。女儿长大了，好久没"麻烦"老爸了，不需要爸爸那个过去的"超人"了。老爸燃起了多看看年轻人的世界、多学学的念头，就是为了让女儿能够多需要老爸一些。"我们的独立是爸爸的骄傲，但我们的依赖是爸爸这辈子都不想脱掉的小棉袄。"片尾的这句话触动了我。我们真的应该做些什么，让老人家们能够不再为路边拦不到出租车、不会用PAD点菜等烦恼了。科技的进步和信息化的便捷理应惠及老年人群。

"老小孩"智能生活丛书就是帮助老年人掌握基本的智能手机应用。其实智能手机并不难学，只要克服了心理障碍，多练练，很快就能上手的。就如年近九十的南京路上好八连第一任指导员王经文所说，耐心点学，学会了上网，世界就在你的眼前。真心希望这套丛书能带领老年朋友走进数字生活，让老年人都能跟得上时代，让子女们再次为爸妈而骄傲。

　　编写这套丛书的过程其实很辛苦，常常熬夜。我不由得想起十几年之前我父亲吴小凡不辞辛劳为老年人编写《中老年人学电脑》和《中老年人学网络》两套丛书，最终因积劳成疾过早离开了我们。我也想以这套丛书来告慰我父亲的在天之灵，谢谢您创办了老小孩网络社区，谢谢您给了我坚持十八年为老服务的力量。

2018年6月24日